青山岛语 山海之味
——青岛非遗美食

主　编◎于　越　　王冠峰　　夏海龙
副主编◎向　艳　　顾　欢　　安　樑
　　　　王　阳　　刘俊新
参　编◎张大海　　王振才　　薛志军
　　　　刘德枢　　李竞赛　　李　亮
　　　　付岳峰　　潘　冲　　杨　岩
　　　　李东深　　李　军

华中科技大学出版社
http://press.hust.edu.cn
中国·武汉

图书在版编目（CIP）数据

青山岛语　山海之味：青岛非遗美食 / 于越, 王冠峰, 夏海龙主编. -- 武汉：华中科技大学出版社, 2025. 1. -- ISBN 978-7-5772-1354-5

Ⅰ. TS971.202

中国国家版本馆CIP数据核字第202526AS50号

青山岛语　山海之味——青岛非遗美食　　　　　　　　　　　　　于　越　王冠峰　夏海龙　主编

Qingshan Daoyu Shanhai zhi Wei ——Qingdao Feiyi Meishi

策划编辑：汪飒婷

责任编辑：汪飒婷　张会军

装帧设计：廖亚萍

责任校对：谢　源

责任监印：周治超

出版发行：华中科技大学出版社（中国·武汉）　　　电话：（027）81321913
　　　　　武汉市东湖新技术开发区华工科技园　　　　邮编：430223

录　　排：华中科技大学出版社美编室

印　　刷：湖北金港彩印有限公司

开　　本：787mm×1092mm　1/16

印　　张：6.5

字　　数：126千字

版　　次：2025年1月第1版第1次印刷

定　　价：58.00元

本书若有印装质量问题，请向出版社营销中心调换

全国免费服务热线：400-6679-118　竭诚为您服务

版权所有　侵权必究

序

　　2020 年《中共中央关于制定国民经济和社会发展第十四个五年规划和二〇三五年远景目标的建议》提出，"十四五"时期到 2035 年，我国的社会文明程度得到新提高，公共文化服务体系和文化产业体系更加健全，传承弘扬中华优秀传统文化，中华文化影响力进一步提升。习近平总书记对非物质文化遗产保护工作作出的重要指示强调，要扎实做好非物质文化遗产的系统性保护，更好满足人民日益增长的精神文化需求，推进文化自信自强。要推动中华优秀传统文化创造性转化、创新性发展，不断增强中华民族凝聚力和中华文化影响力，深化文明交流互鉴，讲好中华优秀传统文化故事，推动中华文化更好走向世界。

　　非物质文化遗产（以下简称非遗）是中华优秀传统文化的重要组成部分，保护好、传承好、利用好非遗，对延续历史文脉、建设社会主义文化强国具有重要意义。饮食类非遗作为非遗的重要组成部分，蕴含着中华民族人与自然、人与社会以及人与自我和谐发展的高超智慧，是中华文化软实力的重要体现。饮食类非遗的保护传承有助于培育文化自信、发挥文化资源内在价值，满足人民日益增长的美好生活需要。中国饮食类非遗兼容并蓄了阴阳观、道德观、自然观等中国传统文化观念，因其能够满足人们最基本的果腹、摄取营养的生理需求，以及满足人们欣赏美食、获得艺术享受、追求美好生活等的心理需求而从未被时代的巨浪埋没。饮食类非遗蕴含的科学性与艺术性，赋予了中华饮食文化深厚的科学底蕴和高超的艺术魅力，成为全人类共同珍视并应加以保护的宝贵文化遗产。

我作为中国烹饪协会非物质文化遗产事业推进指导委员会委员和专家组专家，还作为全国饮食类非物质文化遗产课题组组长参与了申报并获批第四批国家级非遗"中国烹饪与食俗"，对饮食类非遗多有关注。当下在国家级、省级、地市级、区县级四个层级的饮食类非遗正在逐渐形成以传承人为中心的传承体系、以政府主导行业协会推进的保护体系、以饮食文化为核心的人文思想体系、以群众为基础的普及体系和以旅游为连接点的传播渠道。

本书是青岛在饮食类非物质文化遗产保护与传承工作中的一项具体成果。本书收录了地处青岛的非遗美食，层级为省级、市级、区级（2024年，青岛市文化和旅游局开展了第七批市级非物质文化遗产代表性项目的遴选申报工作，本书中有部分非遗项目入选市级非物质文化遗产代表性项目推荐名单，并自2024年12月4日至12月23日予以公示，因尚无正式文件公告，故此书中该部分非遗项目仍以区级项目作介绍）；类别为凉菜、热菜和面点·粥品；编排上按照"菜品介绍、原料准备、制作步骤、非遗打卡"进行。本书图文并茂，既有菜品整体效果图，又有制作工艺过程图；既是烹饪工作者的参考书，又是美食爱好者的良师益友。翻开本书，读者仿佛踏上了一段奇妙的美食之旅，从流亭猪蹄的醇厚酱香，到青岛锅贴的外焦里嫩；从春和楼香酥鸡的皮脆肉嫩，再到一卤鲜的咸鲜风味，每一道非遗美食都有着独特的制作工艺和背后的故事，读者能从历史变迁的视野下了解青岛非遗美食的发展脉络，感受到传统的魅力和生活的美好，见证美食的前世今生。

希望本书能够带领更多烹饪工作者和美食爱好者走进青岛非遗美食世界，领略其独特制作工艺的精妙之处，感受青岛人文风情和饮食文化的博大精深。让我们一起保护传承这些宝贵的非物质文化遗产，让青岛的非遗美食在新时代绽放出更加绚丽的光彩。

杨铭铎

博士，教授，博士生导师

哈尔滨商业大学快餐研发中心博士后科研基地主任

哈尔滨商业大学党委原副书记、副校长

全国餐饮职业教育教学指导委员会副主任

中国烹饪协会特邀副会长

中国食文化研究会资深副会长

2024年10月25日

凉菜篇

热菜篇

面点·粥品篇

凉菜篇

周氏流亭猪蹄

——肉食传统制作技艺（周氏流亭猪蹄制作技艺）

省级非遗

菜品介绍

　　流亭猪蹄是青岛特色小吃之一，因产自青岛市城阳区流亭街道而得名；该菜品色泽红亮、味道鲜美、清爽不腻、咸淡适中，肉质软硬适度、组织紧密有弹性，无任何食品添加剂，是一种既健康又富含营养的食品。

　　20世纪90年代初，青岛流亭一带盛产以蹄冻为特色的酱卤猪蹄，其以晶莹剔透的蹄冻、劲道爽脆的口感誉满四方，与酱烧肉、酱猪耳、酱猪尾等一起被称为流亭酱货，还获得"传世美味，酱出名门"的美誉。

原料准备

【主料】猪蹄。
【配料】料酒、生姜、大葱、盐、白糖、味精、老抽、香辛料粉。

制作步骤

❶　猪蹄焯水，下料酒去腥；

❷　捞出猪蹄，用喷枪将猪蹄表皮烧焦，烧掉残余的猪毛；

❸　用钢丝球洗去杂质；

❹❺　调制卤水。在水中加入生姜、大葱、盐、白糖、味精、老抽、香辛料粉等煮沸；

❻❼　下猪蹄，打去浮沫；

❽❾　盖上锅盖，小火卤制 2 小时左右，关火焖制 3 小时后捞出；

❿　将卤好的猪蹄放入容器内，淋卤汁；冷却后冷藏一夜；

⓫⓬　将猪蹄和蹄冻改刀成小块装盘即可。

该菜品兴起于20世纪90年代初，选用上等猪蹄，添加十余种名贵香料、佐料精心酱制而成。酱制出的猪蹄色、香、味俱佳，一时间供不应求，逐步形成了小而全的猪蹄及肉食品生产加工作坊，以酒馆作坊的形式经营。流亭是进出青岛的咽喉之地，很早就有私人经营的饭铺和旅馆。中华人民共和国成立初期，经营饭店、旅馆的业户不断增加；1956年春，流亭区域的饭店、旅馆业户均被纳入流亭供销合作联社；20世纪90年代开始，随着经济的振兴，流亭镇的饭店、旅馆迅速发展，流亭镇的餐饮业慢慢兴起，当时制作酱猪蹄的饭店，在当地颇有名气，但流亭酱猪蹄的生产还仅限于小饭馆制作。

2023年12月，周氏流亭猪蹄制作技艺入选山东省省级非物质文化遗产代表性项目名录。

金钩海米

——海产品制作技艺（沙子口金钩海米加工技艺）

菜品介绍

　　金钩海米的原料选用鹰爪虾（也称蛎虾），因其色泽金黄，虾体弯曲像一把钩子而得名，它味道鲜美且营养价值极高。这种虾四季都有，但是产量很低（捕虾船一次捕捞二三万斤虾，里面可能只有几十斤甚至几斤鹰爪虾），秋冬季相对较多。其产地主要有威海、烟台，青岛的产量相对较少。鹰爪虾未晒干时长度可达 5 cm 以上，目前还没有出现养殖产业，其中崂山区沙子口地区以鹰爪虾为原料，经过多道手工技艺加工而成的金钩海米最为出名，因此，沙子口有着"金钩海米之乡"的美誉。

原料准备

【主料】金钩海米、黄瓜。
【配料】蒜头、盐、味精、米醋、生抽、胡椒粉、香油。

❶　　用清水将海米洗净；

❷　　用温水浸泡海米约 10 分钟；

❸　　蒜头拍散，切成末；

❹　　蒜末中加入米醋、生抽、盐、味精、胡椒粉、香油，调成料汁；

❺　　黄瓜拍散，切成小块；

❻❼　　撒上海米，淋上料汁；

❽❾　　拌匀即成。

非遗打卡

虾米是著名的海产品，有较高的营养价值。虾米之称始见于唐代颜师古为《急就篇》所作的注文。《武林旧事》中记载的宋代临安市的美食就有"姜虾米"。明代《本草纲目》中指出："凡虾之大者，蒸曝去壳，谓之虾米，食以姜、醋，馔品所珍。"

2016年，沙子口金钩海米加工技艺入选山东省第四批省级非物质文化遗产代表性项目名录。

郑庄脂渣

——肉食传统制作技艺（郑庄脂渣制作技艺）

市级非遗

菜品介绍

脂渣是山东省青岛市的一道传统名吃，源自青岛民间，它吸收了胶东地区百年来民间食品的精华，是一种制作简便、营养丰富、味道香浓的特色食品。

郑庄脂渣精选成年猪颈肉作为原料，以盐及味精入味，不添加任何化学香料及防腐剂，具有香味浓郁、肉质鲜嫩、口感酥脆的独特风味。

原料准备

【主料】肉青（猪颈肉）。
【配料】洋葱、盐、白糖、味精、生抽、米醋、小葱。

制作步骤

❶❷ 将肉青切成长约 5 cm、宽约 1.5 cm 的长条；

❸❹ 用料理机将适量的盐、白糖、味精磨碎，制成调味粉；

❺ 肉青漂洗干净；

❻~❽ 肉青沥干水后下油锅，经 140 ℃低温燸炼至金黄色后捞出备用；

❾ 在肉青上均匀撒上磨碎的调味粉，拌匀；

❿~⓬ 在洋葱段中加入生抽、米醋，与调好味的肉青拌匀后装盘，最后用葱段装饰即可。

　　脂渣是青岛非常有名的特色小吃，俗称"压缩肉"，在胶东地区有100多年的历史。关于脂渣的起源，有很多种说法，其中一种说法是明朝万历年间，倭寇横行，民不聊生。周鸿谟奉皇命抗击倭寇。但倭寇太狡猾，经常半夜来犯，大军顾不上吃饭就要去打仗，严重削弱了战斗力。为了给士兵补充体力，周鸿谟急令寻找快速补充体力且易携带的食物。胶东郑庄（现青岛市李沧区郑庄村）的乡绅听闻此事后，马上让人送来独家秘制的猪肉脂渣。这脂渣虽然不是新鲜制作的，但吃起来浓香酥脆，几块就能补充体力，一解大军食物供给的燃眉之急。周鸿谟非常高兴，下令在军中常备脂渣。自此以后抗击倭寇的大军所向披靡，脂渣助军的故事在沿海各地传为佳话。

　　2021年，郑庄脂渣制作技艺入选青岛市市级非物质文化遗产代表性项目名录。

石花菜凉粉
——海产品传统制作技艺（石花菜凉粉加工技艺）

市级非遗

菜品介绍

　　石花菜凉粉的加工食用起源于青岛的崂山地区，和内陆地区使用淀粉、绿豆制成的凉粉有所不同，它是以海中的石花菜为主要原料，经熬制加工而成的一种青岛地区独有的地方风味食品。石花菜是一种源自海洋的天然藻类植物，主要成分是琼脂，它生长在大潮低潮线以下至水深 10 m 左右的海底岩石上，只有在退大潮的时候才裸露出来，颜色呈浅紫色，形状像有很多分支的树杈，俗称"牛毛菜""海冻菜"。刚从海中捡拾回来的石花菜，需要将其彻底清洗干净后平铺晾晒，待它晒至黄白色后方可制作凉粉。

原料准备

【主料】干石花菜。
【配料】蒜头、香菜、海米、盐、味精、米醋、生抽、胡椒粉、香油。

① 用擀面杖将干石花菜捶散；

② 用无水无油的炒锅炒干石花菜；

③ 锅中加入适量的水，煮沸；

④⑤ 倒入高压锅中压制20分钟，滤出石花菜汁液，冷却后冷藏一夜备用；

⑥⑦ 蒜头拍散，切成末，加入米醋、生抽、盐、味精、胡椒粉、香油，调成料汁；

⑧⑨ 取出凝固后的石花菜凉粉，切成块状放入容器；

⑩⑪ 撒上香菜与海米，淋入料汁即成。

非遗打卡

早在北宋时期，《东京梦华录》中就有关于凉粉的记载。而依照青岛当地的传说，凉粉的历史可追溯到两千多年前。相传当年秦始皇派去寻找长生不老药的人曾到崂山，当地呈上的由崂山道人用石花菜熬制的凉粉，深受秦始皇的喜爱。石花菜，除了这个非常朴实的名字，还有海石花、琼脂、寒天、洋菜、海冻菜等非常有美感的名字。青岛毗邻海域的气候条件适合石花菜生长，因此有着丰富的石花菜资源。春季是石花菜生长的季节，天然的石花菜可在夏、秋季采收，经过几日日晒夜露后，干燥备用。

2012年11月，石花菜凉粉加工技艺入选崂山区区级非物质文化遗产代表性项目名录，2015年7月入选青岛市市级非物质文化遗产代表性项目名录。

王哥庄海蜇

市级非遗 —— 海产品传统制作技艺（王哥庄海蜇加工技艺）

凉菜篇

菜品介绍

　　崂山海蜇加工技艺发源于青岛崂山区王哥庄街道黄山社区，有着400多年的历史。王哥庄气候宜人，生态优良，环境优美，交通便利，地理位置十分优越。该地四季分明，季节交替明显，气温有较明显的垂直变化和区域差异。优越的地理环境和独特的营商优势，为王哥庄海蜇的生产、销售提供了有利条件，并孕育了王哥庄海蜇的饮食文化。

　　王哥庄海蜇制作技艺历史悠久，加工技艺独特。分海蜇卸进窝子、抹白矾、层摞挤压、捣鼓窝子、缸池内盐矾腌制、倒缸池重腌等六道传统工艺流程，利用这种传统的方法腌制的海蜇皮很薄，质地硬实，口感脆爽，味道纯正，营养丰富。其中海蜇里子、海蜇脑子、海蜇爪子稀有，亦采用了独特的加工技艺。在秉持"绿色食品、匠心制作"的文化理念下，形成了特别的船上分离、炉上加工的选料和制作流程。

原料准备

【主料】王哥庄海蜇、娃娃菜。
【配料】香菜、蒜头、盐、味精、米醋、生抽、胡椒粉、香油。

制作步骤

① 　　　将发好的海蜇切成丝；

② 　　　水烧热至 70~80℃时下入海蜇丝，焯水，快速捞起；

③ 　　　将焯水后的海蜇丝放入冷水中浸泡；

④ 　　　娃娃菜切丝；

⑤ 　　　蒜头拍散，切成末；

⑥⑦ 　　娃娃菜上撒上香菜和海蜇丝；

⑧⑨ 　　加入蒜末、盐、味精、米醋、生抽、胡椒粉、香油拌匀；

⑩⑪ 　　放入容器中，稍作整理即成。

据《王哥庄街道志》记载：中华人民共和国成立前，崂山沿海村落均为海鲜加工作坊式的小本经营，从业人员少。至20世纪80年代改革开放后，民营经济发展，个体海鲜加工作坊开始兴起。这些作坊结合本地的饮食习惯，开始经营传统海鲜加工，将捕捞、加工海蜇作为经营特色进行推广，生意相当不错，对王哥庄海蜇加工技艺的发扬壮大也起到一种示范效应和促进作用。经过多年的技术沉淀和经验积累，王哥庄海蜇加工技艺更加成熟和完善，王哥庄街道成为新一代王哥庄海蜇加工技艺的先行者和组织者。

2010年，王哥庄海蜇加工技艺入选崂山区区级非物质文化遗产代表性项目名录；2021年入选青岛市市级非物质文化遗产代表性项目名录。

青山岛语 山海之味——青岛非遗美食

市级非遗

城阳大面子

——肉食传统制作技艺（城阳大面子制作技艺）

菜品介绍

　　城阳大面子（酱猪脸）是青岛市城阳地区民间节日供奉、馈赠、烹食的猪头肉的俗称。在青岛地区民间，猪头历来有头筹、第一、面子大之象征，故称"大面子"。其选用一级无污染的净猪脸为原料，配以传统调味佐料，经过多种工序酱制而成。成品色泽鲜嫩，香味浓郁厚重，口感油而不腻。

原料准备

【主料】猪头。
【配料】生姜、大葱、盐、白糖、味精、料酒、老抽、调味粉。

18

制作步骤

❶❷　猪头焯水，下料酒去腥，煮开后捞起猪头用冷水冲洗干净；

❸❹　调制卤水。在水中加入生姜、大葱、盐、白糖、味精、老抽、调味粉；

❺　　卤水煮沸后下猪头，打去浮沫；

❻❼　盖上锅盖，卤制 1.5 小时左右后捞出；

❽～❿　将卤好的猪肉放入容器内，淋卤汁；冷却后冷藏一夜；

⓫⓬　将猪头肉改刀成小块装盘即可。

　　清代中期，城阳大集形成，到了民国年间，城阳商业逐渐兴起，集市内出现了生猪市场和专事屠宰及买卖、烹食猪头肉的店铺。现北国之春大酒店总经理刘淑玲的祖父刘成桂，在当时开了一家中药铺，但酷爱研究餐饮，他经常与那些业户在一起，经过研讨，改进了酱猪脸的烹食配料和制作工艺，并编成秘诀流传至今。城阳"大面子"（酱猪脸）制作工艺传统悠久，地域特色鲜明，是城阳民间最具影响力的肉食品之一。

　　2018 年 5 月，城阳大面子制作技艺入选青岛市市级非物质文化遗产代表性项目名录。

李沧区非遗

东李老曲家苦肠

——东李老曲家苦肠制作技艺

菜品介绍

　　东李老曲家苦肠精选优质猪小肠，其营养丰富，含有蛋白质、铁、镁、维生素 B_2 等营养元素，只有新鲜、品质好的猪小肠才能做出正宗的东李老曲家苦肠。

　　煮制好的东李老曲家苦肠色泽红润，带有一丝苦味，但细细咀嚼后却香醇美味，越嚼越香，苦在舌尖，香在心头。这种独特的口感使其成为青岛人喜爱的下酒小菜，也吸引着众多外地食客前去品尝。

　　东李老曲家苦肠的常见吃法为凉拌或者直接切片食用，搭配蒜泥、醋、味极鲜等调料，更能突出其风味。也可以与白菜等蔬菜一起炒制，做成苦肠炒白菜等家常菜。

原料准备

【主料】猪小肠。

【配料】盐、面粉、小葱、八角、生姜。

制作步骤

① 猪小肠洗净，去掉表面的油脂；

② 用刀将猪小肠纵向剖开；

③ 加入面粉揉搓，去掉杂质，用水洗净；

④⑤ 冷水氽烫，起锅后用刀刮去小肠内部的油脂；

⑥ 加盐再次揉搓，洗净；

⑦⑧ 猪小肠缠成卷，扎紧；

⑨⑩ 烧水，水开后下小葱结、八角、姜片，下缠成卷的猪小肠，焖煮1小时；

⑪⑫ 起锅晾凉，改刀成薄片装盘即可（可搭配蘸料或炒制）。

　　东李老曲家苦肠历史较为悠久，由曲家祖辈曲成金于 1884 年发明秘方，1933 年，东李老曲家苦肠的第五代传承人曲训群的太爷爷曲学君老先生改进秘方并制作苦肠进行售卖，秘方经过不断传承，流传至今。东李老曲家苦肠的发展历程承载着青岛的饮食文化变迁和当地居民的生活记忆。

　　2020 年 6 月，东李老曲家苦肠入选李沧区区级非物质文化遗产代表性项目名录。

热菜篇

春和楼香酥鸡

—— 肉食传统制作技艺（香酥鸡烹饪技艺）

菜品介绍

香酥鸡烹饪技艺是由青岛春和楼饭店传承的经典鲁菜烹制技艺，包含宰杀、腌制、蒸、炸等多道工序，香酥鸡成品具有外酥里嫩、香气馥郁、美味可口的特点。春和楼香酥鸡从选材、制作、加工到成品上桌都有十分严格的标准，选用本地散养的 750～850 克的当年雏鸡，宰杀后，经过洗净、腌制、蒸制、炸制等工序烹制而成。

原料准备

【主料】白条鸡。

【配料】大葱、花椒、香叶、大料、生姜、桂皮、生抽、老抽、盐、味精、白糖、食用油。

制作步骤

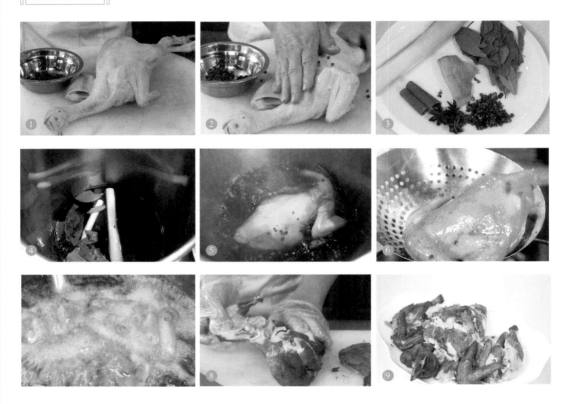

❶❷ 白条鸡洗净，花椒中加入盐并均匀涂抹在鸡表面及内腔，腌制 10 分钟；

❸❹ 容器内加适量水，下大葱、花椒、香叶、大料、生姜、桂皮、生抽、老抽、盐、
味精、白糖煮沸，将腌制好的鸡放入其中；

❺❻ 小火卤制 40 分钟后捞起备用；

❼ 食用油烧至七成热，下卤制好的鸡炸至表面呈焦黄色；

❽❾ 起锅，用手撕开或剁开摆盘即可。

春和楼始创于光绪十七年（1891年），迄今已有一百三十多年的历史，是青岛市唯一的百年餐饮企业，也是山东省历史最悠久的鲁菜饭店，还是青岛市唯——个被国内贸易部和商务部共同命名的"中华老字号"企业。春和楼创立之后不久，便开始烹制香酥鸡，迄今已历经七代名厨的传承发展。

2015年，香酥鸡烹饪技艺入选青岛市市级非物质文化遗产代表性项目名录；2016年，入选山东省省级非物质文化遗产代表性项目名录。

万和春排骨砂锅

省级非遗

——肉食传统制作技艺（万和春排骨砂锅制作工艺）

菜品介绍

传统的万和春排骨砂锅制作工艺有冽、煮、炖、压、焖、撇、浇七大古法工艺，原料精选无激素的鲁西南六个月大的放养猪，每头猪仅取其位置最佳的一段脊骨（又称龙骨），采用内含15味香料的独家秘方烹制至少5小时以上，保证了肉嫩不柴、烂而不散、香而不腻、汤味醇厚。万和春排骨砂锅制作工艺集出色、出形、出味、出香的特点而独树一帜，使人百吃不厌。

原料准备

【主料】猪脊骨。

【配料】大葱、生姜、小葱、生抽、老抽、盐、味精、料酒。

❶❷　猪脊骨剁成长约 6 cm 的块，清洗干净；

❸❹　高压锅内加适量水，下大葱、生姜、生抽、老抽、盐、味精和料酒后煮沸；

❺❻　下入脊骨，打去浮沫；

❼　高压锅压制 8 分钟左右后，取出压制好的脊骨。

❽❾　放入加热好的砂锅内，淋上汤汁，撒上葱花，配以米饭即成。

　　万和春排骨砂锅的历史可追溯到20世纪30年代，其创始人王治绪在关东地区酱骨头制作方法的基础上，结合传统的独特工艺、配方，配以米饭后，烹制出了真正的"汤可以喝"的排骨米饭，成为青岛独具特色的地方美食。

　　2016年，万和春排骨砂锅制作工艺被列入山东省省级非物质文化遗产代表性项目名录。

烹蒸海鲈鱼

——海产品制作技艺（海鲜腌制技艺）

菜品介绍

一鲁鲜鱼又称"一卤鲜鱼"，是将鲜鱼用盐腌制后再烹调食用，是山东沿海渔家世代相传的一种传统美食，具有悠久的历史。

烹蒸海鲈鱼是一鲁鲜鱼的代表菜式之一，采用2斤左右的海鲈鱼，通过传统方法腌制，先烹再蒸，咸鲜味十足。

原料准备

【主料】海鲈鱼。

【配料】盐、面粉、鸡蛋、大葱、生姜、小葱、食用油。

制作步骤

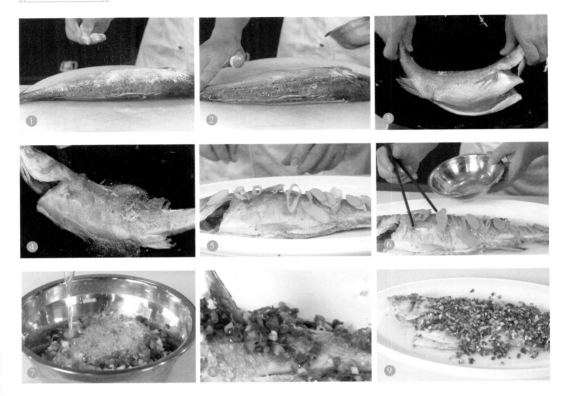

① 将海鲈鱼浸泡在盐水中腌制一夜后，取出擦干水分，表面撒上一层面粉，抹匀；

② 海鲈鱼两面抹上蛋液；

③④ 滑锅后，下海鲈鱼煎制，至两面呈金黄色；

⑤ 沥油，装盘，将大葱、生姜切片放置在海鲈鱼表面，蒸制 10~15 分钟；

⑥ 蒸制完成后，将大葱与姜片取出；

⑦ 将食用油烧至九成热，淋入葱花中，使之散发出葱香味；

⑧⑨ 将葱花油均匀地浇在海鲈鱼上即可。

青山岛语 山海之味——青岛非遗美食

34

据民国十七年（1928年）四月《中国青岛报》所载：本商埠湛山一撸鲜鱼滋味甚佳，系当地渔夫以少许盐卤施与鲜鱼而成。据湛山张姓供货者言，其腌鱼技艺乃祖上所传。

湛山村（大湛山村和小湛山村）是明代所建的古村，据史料记载，清末民初，大湛山村有243户居民，小湛山村有30户居民，除了这270多户专门从事渔业的人之外，许多沿海地区的农民也兼作渔民。

"海鲜腌制技艺"第三代传承人张恕玉致力于海鲜腌制技艺的研究与开发，该技艺于2017年入选市南区区级非物质文化遗产代表性项目名录；2018年入选青岛市市级非物质文化遗产代表性项目名录。2021年入选山东省省级非物质文化遗产代表性项目名录。由张恕玉先生带领美食团队研制的一鲁鲜鱼系列产品因其营养、健康、味美、烹饪方便等，广受食客喜爱。

香煎手撕海鲈鱼

——海产品制作技艺（海鲜腌制技艺）

【 菜品介绍 】

　　香煎手撕海鲈鱼是一鲁鲜鱼的代表菜式之一，是将腌制的海鲈鱼经过油炸后，用手撕碎而成。其富含丰厚的油脂，口感咸鲜干香，回味十足。

【 原料准备 】

【主料】海鲈鱼、馒头片。
【配料】盐、食用油。

制作步骤

❶❷　将海鲈鱼浸泡在盐水中腌制一夜后，取出擦干水分；斩下鱼头，沿脊骨片下鱼肉；

❸　　将鱼骨剁成段；

❹❺　食用油烧至七成热，下鱼骨、鱼头炸制；

❻❼　下鱼肉炸制，至表皮酥脆呈金黄色后捞出再复炸一遍，起锅沥油备用；

❽　　下馒头片炸至金黄酥脆；

❾　　鱼头、鱼骨打底摆出造型；

❿~⓬　鱼肉撕碎摆放在鱼骨上，周边摆上馒头片即可。

非遗打卡

　　青岛的海鲜腌制技艺起源于清代中期，主要流传于胶东地区，至今已有数百年历史，是胶东沿海渔民发明并传承的独特方法。2017年入选市南区区级非物质文化遗产代表性项目名录，2018年入选青岛市市级非物质文化遗产代表性项目名录，2021年入选山东省省级非物质文化遗产代表性项目名录。

　　品牌特色酒店食材"一鲁鲜鱼"，由中国烹饪大师张恕玉先生带领的美食团队研制。一鲁鲜鱼系列产品因其营养、健康、美味，制作方式简单快捷，大大提高了上菜速度等特点成为酒店厨师首选的酒店特色菜、酒店预制菜，更是家庭餐桌上常见的美味佳肴。

胶南泊里烧肉

——肉食传统制作技艺（泊里烧肉）

市级非遗

菜品介绍

　　泊里烧肉口味独特，堪称一绝，其香气袭人，肥而不腻，深受群众喜爱。泊里烧肉添加了 20 多种中草药，经洗、煮、熏、烤等多道工序加工而成，烧肉技艺已有 120 多年的传承历史，作为泊里的特色美食之一，广受好评。

原料准备

【主料】猪头肉、猪蹄、猪肚等。
【配料】生姜、大葱、盐、白糖、味精、料酒、老抽、香辛料粉。

制作步骤

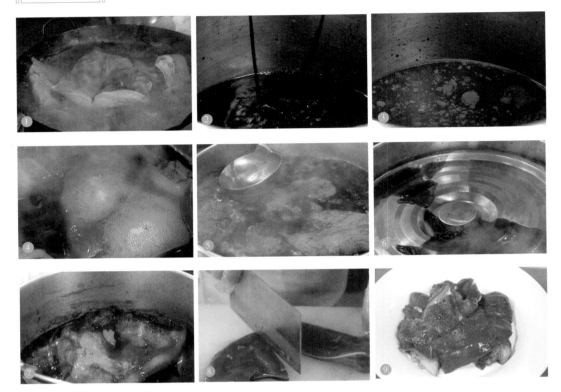

❶　　　猪头肉等原料焯水，下料酒去腥；

❷❸　　调制卤水。在水中加入生姜、大葱、盐、白糖、味精、老抽、香辛料粉等烧开；

❹❺　　将焯水后的猪头肉等原料放入卤水，烧开，打去浮沫；

❻❼　　盖上锅盖，卤制 2 小时左右后捞出；

❽❾　　将卤好的肉改刀成小块装盘即可。

泊里烧肉是一道名吃，其历史可追溯到清末的"昌德斋"。清光绪年间，祖籍泊里、正值年少的张德福（字德斋）到高密城烧肉铺做学徒，深得密州府大厨王清远师傅（绰号"磨棍"）的真传，学成了一手制作烧东坡肉的高超技艺。后张德福返回故里，在泊里街开了间烧肉铺，取名"昌德斋"，由此，张德福成为张记泊里烧肉的创始人，由于他制作的烧肉口味独特，深受群众喜爱，常常供不应求。

2015年6月，泊里烧肉制作技艺入选青岛市市级非物质文化遗产项目名录，曾被CCTV-2《消费主张》栏目推荐为特色美食。

市级非遗

山东蒸丸

—— 肉食传统制作技艺（山东蒸丸制作技艺）

菜品介绍

　　山东蒸丸在民间的历史超过百年，今于齐鲁地区广为流传。此菜制作时，将肥、瘦猪肉末加海米末、白菜末、鹿角菜等以及调料拌匀，捏成核桃大小的丸子蒸熟，浇上特调的清汤即可。山东蒸丸成品汤浓味鲜、入口疏松软烂、肥而不腻。

　　制作山东蒸丸，猪肥肉的用量大，比例约占四成，以白菜末配伍可使菜肴肥而不腻。若想肉丸软烂不散还要选择鹿角菜作为配料。鹿角菜主要产于山东沿海，明代就有"土人采曝，货为海错"的记载。因其天然胶体具有凝固作用，故加入后可使肉丸不散碎，还能提升菜肴的鲜美度。这也是山东蒸丸能够成为山东名菜的原因之一。

原料准备

【主料】猪五花肉、猪瘦肉、大白菜。
【配料】黑木耳、大葱、芹菜、鹿角菜、生姜、花椒、盐、味精、水淀粉、食用油。

制作步骤

❶❷　猪五花肉、猪瘦肉切末；

❸　　大葱丝、生姜丝、花椒用温水浸泡制成葱姜水；

❹❺　五花肉末、瘦肉末混合，加入盐、味精、葱姜水和匀上浆；

❻　　大白菜与黑木耳切成丝、芹菜切成段备用；

❼~❾　肉馅中加入水淀粉、食用油、白菜丝、黑木耳丝、鹿角菜和匀；

❿　　将馅料捏成丸子状，放入盘中蒸熟；

⓫　　净锅烧适量水并加入盐，水煮沸后下入水淀粉、芹菜段制成芡汁；

⓬　　将芡汁浇在丸子表面即可。

山东蒸丸创始人王益三出生于1917年，曾名王盛财，原籍山东招远。15岁时到青岛当学徒，出师后相继在长春中央饭店、上海正阳楼、青岛庆丰楼、中华旅社、春盛园等餐馆当主厨。1958年起，王益三开始担任专业烹饪教师，他精通南北各种风味菜肴，尤其擅长制作鲁菜。1960年回原籍探亲时，王益三将招远民间传统的丸子烹饪技法进行了挖掘与整理，后经过多年的研制改进，形成了现在的加工程序和原料配备。因此菜源自招远，完善于青岛，主要烹饪方式为蒸，故将此菜命名为山东蒸丸。

2021年9月，山东蒸丸制作技艺入选青岛市市级非物质文化遗产代表性项目名录。

瓮城烧鸡

——肉食传统制作技艺(瓮城烧鸡制作技艺)

市级非遗

菜品介绍

瓮城烧鸡有着悠久的历史,但具体的起源时间较难考证。它是青岛地区传统美食的重要代表之一,经过长时间的传承与发展,已成为当地广为人知的特色美食。

瓮城烧鸡成品色泽金黄,香气扑鼻。鸡肉鲜嫩多汁,咸淡适宜,香而不腻,无论是直接食用还是搭配米饭、面食等食用,都非常美味。其独特的风味深受青岛当地居民和游客的喜爱。

原料准备

【主料】白条鸡。

【配料】盐、花椒、大葱、香叶、大料、生姜、桂皮、生抽、老抽、味精、白糖。

制作步骤

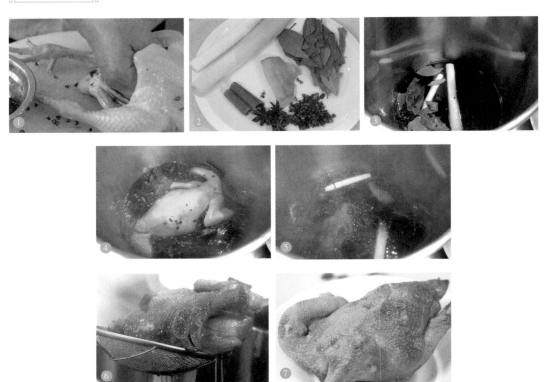

① 白条鸡洗净，花椒中加入盐，均匀涂抹在鸡表面及内腔，腌制 10 分钟；

②~④ 容器内加适量水，下大葱、花椒、香叶、大料、生姜、桂皮、生抽、老抽、盐、味精、白糖煮沸，将腌制好的鸡放入其中；

⑤~⑦ 小火卤制 40 分钟后，捞起装盘即可。

　　作为青岛的非遗美食，瓮城烧鸡的制作技艺一直通过师徒传承、家族传承等方式延续。近年来，随着人们对非遗文化的重视和保护，瓮城烧鸡得到了更多的关注和推广，该美食不仅在青岛当地的餐厅、小吃店可以品尝到，而且逐渐走向了更广阔的市场。

　　2021年9月，瓮城烧鸡制作技艺入选青岛市市级非物质文化遗产代表性项目名录。

董记猪头肉

—— 肉食传统制作技艺（董记猪头肉制作技艺）

市级非遗

菜品介绍

　　董记猪头肉历史悠久，为清朝咸丰年间莱阳县董格庄人董禧所创，后经家族世代相传。

　　经过长时间的传承与不断改进，董记猪头肉的制作技艺得以延续，并更名为旭东猪头肉，成为青岛莱西地区的特色美食代表之一。

原料准备

【主料】猪头。
【配料】生姜、大葱、盐、白糖、味精、料酒、老抽、调味粉。

制作步骤

①② 　猪头焯水，下料酒去腥，煮开后捞起猪头用冷水冲洗干净；

③④ 　调制卤水。在水中加入生姜、大葱、老抽、盐、白糖、味精、调味粉；

⑤ 　卤水煮沸后下猪头，打去浮沫；

⑥ 　盖上锅盖，卤制2小时左右后捞出；

⑦~⑨ 　将卤制好的猪头拆散去骨后改刀装盘即成。

倪方志作为董记猪头肉第五代传承人，对生产环境、工艺流程进行了大胆的改进创新，后虽因旭东酒店专营著称后董记猪头肉更名为旭东猪头肉，但不变的是传承的味道。凭借一锅老汤加上倪方志认真做事的态度，董记猪头肉获得莱西市著名地方小吃的称号。

2021 年，董记猪头肉制作技艺入选青岛市市级非物质文化遗产代表性项目名录。

老赵家风味臭鱼

——老赵家风味臭鱼制作技艺

菜品介绍

民以食为天，中国人的舌尖要的是新鲜，讲究的是味道。但是在崂山沙子口、仰口、港东等滨海地区，渔民却对臭鱼情有独钟。人们吃臭鱼，不光因为鱼"臭"得好吃，更多的是寄托了渔民们对祖辈的回忆和思念。风味臭鱼之所以受欢迎，是因为吃时别有一番风味。用筷子拨开烹制后的臭鱼外皮轻轻一挑，蒜瓣状的鱼肉自然散开，刚入口有些许臭味，但在不停地咀嚼下，味蕾慢慢变得舒坦起来，一股咸香的味道油然而生。更奇妙的是，鱼肉越嚼越香。

老赵家风味臭鱼制作技艺第四代传承人赵洪永在原有腌制臭鱼的基础之上进一步改良加工工艺，多次亲赴崂山沙子口、王哥庄一带学习腌鱼的制作方法，使臭鱼的味道得到大大提升。赵洪永根据习得的腌鱼制作方法做了改良，已开发出诸多衍生菜品，如风味鲅鱼、风味白鳞鱼、风味黑头鱼等，原本仅限于煎和蒸的单一制作方法，如今已经发展出了多样化的烹饪方式，包括青花椒炖、家常烧以及小白菜炖等。

原料准备

【主料】鲳鱼。
【配料】五花肉、生姜、蒜头、大葱、小葱、盐、味精、料酒、生抽、食用油。

制作步骤

① 鲳鱼用盐水浸泡、腌制一夜后，取出擦干水分，打出花刀方便入味；

② 大葱切段，生姜、蒜头切片，五花肉切成薄片；

③④ 净锅下油，烧热后下五花肉煸出油脂，下姜片、蒜片、大葱段爆香；

⑤⑥ 锅内加水烧开，下鲳鱼，加入味精、生抽、料酒调味；

⑦⑧ 盖上锅盖，焖烧 10 分钟左右，大火收汁；

⑨ 起锅装盘，撒上葱花即可。

　　风味臭鱼是山东沿海渔家世代相传的一种古老的传统美食，具有悠久的历史。古代没有冰箱，也没有冰块，出海捕捞的渔民怕打捞上岸的鱼坏掉，就将鱼用盐腌上，以保证到岸后鱼不变质也便于长期保存。后来人们逐渐发现这种腌制过的鱼做熟后肉质更加洁白、细嫩、鲜美可口，别有一番风味。这种腌过的鱼比鲜鱼还要鲜。臭鱼就像火腿、腌肉一样，是我国人民世代相传的传统美食，它是中华美食文化的重要组成部分。

　　2020年6月，老赵家风味臭鱼制作技艺入选李沧区区级非物质文化遗产代表性项目名录。

┃ 菜品介绍 ┃

　　乔家驴肉制作技艺是青岛市李沧区的传统技艺，其制作过程包括选料、清洗、炖煮等多个环节，用料上乘、工艺精湛。

　　乔家驴肉的特点是肉质鲜嫩、口感细腻、味道醇香。其产品种类丰富，除了驴肉，还有驴肠、驴血等特色美食。

┃ 原料准备 ┃

【主料】驴肉。
【配料】盐、味精、小葱、八角、桂皮、生姜、黄栀子、红曲粉、料酒、老抽。

制作步骤

❶❷   驴肉冷水下锅，焯水，水开后煮 5 分钟，将驴肉用冷水冲洗干净；

❸   擦干水分，用喷枪将驴皮表面烧成黄色；

❹   用钢丝球将驴皮表面的杂质去除；

❺   调制卤水。高压锅内放入适量的水，加入盐、味精、老抽、料酒、生姜、八角、
桂皮、小葱、红曲粉、黄栀子；

❻❼   下入驴肉，高压锅压制 30 分钟；

❽   起锅，用滤网滤出卤渣；

❾~⓫   冷藏一夜后，取出驴肉改刀成薄片；装盘，稍加整理即可。

乔家驴肉在青岛有多家门店，这些门店提供各种用驴肉制作的美食，深受当地居民和游客的喜爱。驴肉是一种独具风味的食材，民间素有"天上龙肉，地下驴肉"的美誉。制作乔家驴肉的先辈们凭借着对驴肉的喜爱和钻研，不断探索驴肉的烹饪和制作方法，经过几代人的传承与改进，逐渐形成了具有独特风味和特色的乔家驴肉制作技艺。

2023 年 12 月，乔家驴肉制作技艺入选李沧区区级非物质文化遗产代表性项目名录。

秋临焖肉

——秋临焖肉传统制作技艺

菜品介绍

秋临焖肉传统制作技艺，产生发展于城阳区流亭街道东流亭社区。该传统焖制技艺工序包括选料、火烧除毛、浸泡焯水、整修、炒冰糖养汤、配制调料、焖煮、出锅灌汤、包装出货等9道工序。其中火烧除毛、炒冰糖养汤、焖煮是三道关键工序，全凭嗅觉、眼力和手感等多方面经验来操作，要求十分严格。

秋临焖肉具有色泽红润，内香焕发，保持肉品原香，无调料气味，脱骨顺畅，入口游滑，香气、热气丰盈扑鼻等特点。

原料准备

【主料】猪蹄、猪耳。
【配料】生姜、大葱、盐、白糖、鸡精、料酒、老抽、调味粉。

制作步骤

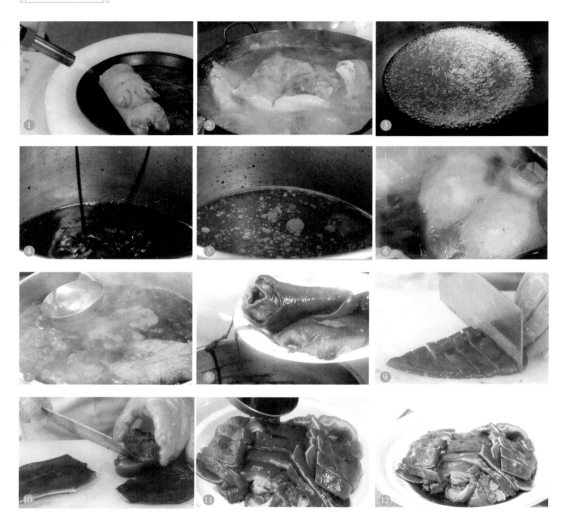

❶❷ 　用喷枪烧除猪蹄的杂毛，随后钢丝球将猪蹄擦洗干净；猪蹄、猪耳焯水，下料
　　　 酒去腥；

❸~❺ 　小火炒制糖色；调制卤水，在水中加入糖色、生姜、大葱、老抽、盐、白糖、
　　　 鸡精、调味粉等；

❻❼ 　卤水煮沸后下猪蹄、猪耳，打去浮沫；

❽ 　盖上锅盖，卤制2小时左右后捞出（根据食材不同，酌情增减卤制时间）；

❾❿ 　猪耳、猪蹄改刀；

⓫⓬ 　装盘，浇上卤汁即成。

非遗打卡

秋临焖肉传统制作技艺又称流亭焖肉传统制作技艺，该制作技艺起始于清光绪年间，由乡贤胡峄阳的第七世裔孙胡延洛创始，已历经五代人，传承至今已有120余年。1990年，第四代传承人栾玉玲总结出"一烧二炒三焖"的焖肉三要诀，使项目技艺更加成熟。

2023年4月，秋临焖肉传统制作技艺入选城阳区区级非物质文化遗产代表性项目名录。

城阳区非遗

胶州湾鱼鲞

——胶州湾鱼鲞加工技艺

菜品介绍

鱼鲞是我国东南沿海渔民最喜欢食用的干制鱼品之一。在青岛胶州湾畔，鱼鲞加工技艺流传已久，是古代青岛沿海渔民在长期捕鱼和贮存海鲜的过程中创造的。胶州湾鱼鲞肉质紧实，富有嚼劲，它的口感鲜美，风味独特，是一道美味的下酒菜或配菜。

原料准备

【主料】鲅鱼。
【配料】盐、香菜、食用油。

① 将鲅鱼放入盐水中腌渍一夜后，擦干水分，改刀成段；

②③ 平底锅放适量食用油加热，下鲅鱼段用小火煎制；

④⑤ 勤翻面，煎至两面金黄即可出锅装盘；

⑥⑦ 装盘后，用香菜叶点缀即可。

非遗打卡

随着城镇化和产业转型，胶州湾从事渔业生产的渔民越来越少，胶州湾鱼鲝加工技艺的传承者也越来越少。为了保护和传承这一传统技艺，一些企业和个人开始进行产业化开发，建立加工技艺数据库，不断开发鱼鲝系列制品。同时，通过参加非物质文化遗产项目申报等活动，提高了胶州湾鱼鲝的知名度和影响力。

2023年4月，胶州湾鱼鲝加工技艺入选城阳区区级非物质文化遗产代表性项目名录。

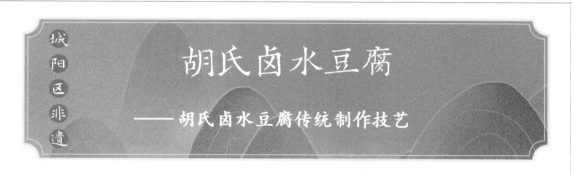

胡氏卤水豆腐

——胡氏卤水豆腐传统制作技艺

城阳区非遗

热菜篇

菜品介绍

　　胡氏卤水豆腐的制作流程包括选料、水洗浸泡、磨浆、压浆、入锅熬浆、出锅点卤水、注模成型、阴凉等8道工序。点卤水是制作豆腐的一道关键工序，其搅拌的速度和卤水的用量，完全靠手感、眼力、经验来掌握。

　　胡氏卤水豆腐外感硬，手触不碎，内则柔软，入口游滑，更保留了黄豆的原香味和营养，深受大家的喜爱。

原料准备

【主料】胡氏卤水豆腐。

【配料】花椒、生姜、大葱、白糖、盐、味精、酱油、香油、食用油。

63

┌ **制作步骤** ┐

① 豆腐改刀成边长为 2 cm 的块；

②③ 锅内放适量的水，煮沸后下豆腐，5 分钟左右后捞出备用；

④ 净锅下油，下花椒煸出香味后捞出，留底油；

⑤⑥ 下白糖炒制糖色，下姜丝、葱丝；

⑦ 加水煮沸，下煮好的豆腐；

⑧⑨ 下酱油、盐、味精调味，大火收汁，起锅前下香油即可。

青山岛语　山海之味——青岛非遗美食

　　胡氏卤水豆腐始创于光绪年间。民国时期，第二代传承人胡延涟对制作技艺和配料做了进一步提升和改进，使胡氏卤水豆腐逐渐成为城阳当地名吃。胡氏卤水豆腐质白细嫩、味道纯正，炖煮不烂、煎炒不碎、油炸后尤为松软。传承人胡孝金始终坚持使用传统技艺制作豆腐，才有了现在远近闻名的胡氏卤水豆腐这个特色品牌。2019年5月，胡氏卤水豆腐传统制作技艺入选城阳区区级非物质文化遗产代表性项目名录。有了当地政府的扶持和帮助，胡氏卤水豆腐传统制作技艺一定能得到更好的传承与发展。

葛家扒鸡

——青岛葛家扒鸡制作技艺

青山岛语 山海之味——青岛非遗美食

市北区非遗

菜品介绍

　　葛家扒鸡沿用百年传承秘方制作，以制作独特、肉烂脱骨、色鲜味美、肥而不腻等特点著称。大火煮、小火焖，十几道工序操作之下，卤料深深沁入丝丝白肉之中，醇香入味，浓郁入骨，回味无穷。

原料准备

【主料】白条鸡。

【配料】白醋、焦糖、大葱、花椒、香叶、大料、生姜、桂皮、生抽、老抽、盐、味精、白糖、食用油。

制作步骤

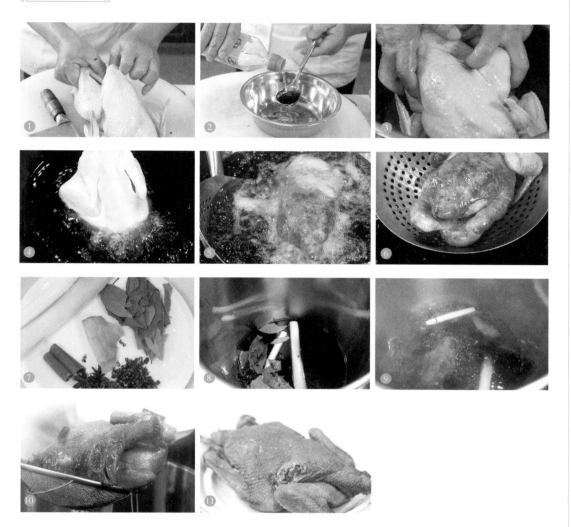

❶　白条鸡洗净，盘起；

❷❸　将白醋与焦糖混合成腌料，均匀涂抹在鸡的表面，腌制 10 分钟；

❹~❻　将鸡下油锅炸至焦黄色起锅待用；

❼❽　容器内加适量水，下大葱、花椒、香叶、大料、生姜、桂皮、生抽、老抽、盐、味精、白糖调成卤水；

❾~⓫　卤水煮沸后下炸制好的鸡，小火卤制 40 分钟后捞出装盘即可。

葛家扒鸡的制作秘方独特，历经多代人的传承与坚守，秘方得以延用至今，为葛家扒鸡的品质提供了有力保障。

青岛葛家老味道扒鸡有限公司通过企业化的运作模式，扩大了葛家扒鸡的生产规模和销售渠道，让更多人能够品尝到葛家扒鸡的风味。公司还通过分支机构，进一步拓展了业务范围。不仅增加了品牌的知名度，还为葛家扒鸡的传承提供了更坚实的经济基础和更广阔的发展空间。

2021 年，青岛葛家扒鸡制作技艺入选青岛市市北区区级非物质文化遗产代表性项目名录。这使得葛家扒鸡得到了官方的认可和保护，在技艺的研究、传承人的培养、宣传推广等方面，政府会根据相关政策对其进行扶持，有利于技艺的传承和发展。

大相家粉条

——大相家粉条制作技艺

菜品介绍

　　大相家粉条因产于青岛市胶州市洋河镇大相家村而得名，是胶州市的特产之一。其原料主要为红薯，从收获到加工成淀粉，再到最终制成粉条，需要近三十道工序，耗时约半个月。大相家粉条皆为手工制作，具有线条均匀、久煮不烂、光滑柔韧、晶莹剔透、口感爽嫩等特点，吃起来柔润嫩滑，有"人造鱼翅"之称。

原料准备

【主料】大相家粉条。
【配料】盐、味精、猪肉丁、生姜、蒜末、酱油、葱花、食用油。

制作步骤

①　将大相家粉条用热水泡软；

②　加入适量酱油，给粉条上色待用；

③④　净锅，油烧热下猪肉丁煸香，下姜末、蒜末炒匀；

⑤⑥　下盐、味精、酱油炒匀，加入适量水，煮沸；

⑦⑧　下入粉条焖煮，大火收汁；

⑨　装盘后，撒上葱花即可。

非遗打卡

　　大相家粉条与胶州白菜、里岔黑猪均为驰名中外的胶州特产。

　　大相家粉条以红薯粉条为主。据史书可考，大相家村手工制作粉条的工艺从明朝洪武年间一直流传至今，已有六百多年的历史。2010年，这种代代相传的粉条制作技艺入选胶州市市级非物质文化遗产代表性项目名录，大相家村也被胶州市列为非物质文化遗产传承基地。2010年和2011年，大相家粉条作为胶州非遗的代表参加了全国非物质遗产展览。

面点·粥品篇

即墨水煎包

——传统面食制作技艺（水煎包传统手工制作技艺）

市级非遗

【菜品介绍】

即墨水煎包的制作工艺非常讲究，面要硬软适度，火候需恰到好处，味道香而不腻。制作时先将平底锅加油烧热，再密集放上包好的包子，添上适量浆水，用急火将锅中水烧开后，转文火煎制，待锅中水尽时，包子底层就会烙上又薄又脆的嘎渣。

【原料准备】

【主料】面粉、猪肉、韭菜。
【配料】酵母、盐、味精、白糖、生抽、老抽、水淀粉、食用油。

制作步骤

①~③　面粉中加入酵母和盐和匀，加入水和成光滑的面团，醒面 25 分钟；

④~⑥　猪肉切丁，加入盐、味精、白糖、生抽、老抽，抓揉上劲；

⑦　　韭菜切碎，加入食用油和匀；

⑧⑨　醒发后的面团擀成长条，下剂子，然后擀成圆皮；

⑩⑪　面皮中先放韭菜，再放肉丁，一同包成包子坯；

⑫~⑭　将包子坯放入平底锅中，加入调好的水淀粉，盖上锅盖小火煎制，水分全部煎完后关火，当锅底出现嘎渣时起锅；

⑮　　装盘时，嘎渣朝上即可。

非遗打卡

　　即墨水煎包俗名"炉包"，旧时有"蝈蝈笼"水煎包之称。据传，明代永乐二年（1404 年），胡氏三兄弟避战于即墨城南，在淮涉河滩上做起水煎包生意。因餐馆简陋形似蝈蝈笼，城乡食客便将水煎包以"蝈蝈笼"称之。清末民初到二十世纪六七十年代是"蝈蝈笼"水煎包较鼎盛的时期。1953 年秋，在青岛市城乡物资交流大会上，即墨水煎包因其口感鲜香而成为交流会亮点，声名遂遍传整个胶东地区。

　　1985 年，即墨水煎包被省商业厅列为地方名吃之一；2002 年，即墨水煎包被评为即墨十大地方名吃之一；2011 年，即墨的水煎包传统手工制作技艺入选即墨区区级非物质文化遗产代表性项目名录；2015 年，即墨的水煎包传统手工制作技艺入选青岛市市级非物质文化遗产代表性项目名录。

市级非遗

店子火烧

——传统面食制作技艺（店子火烧制作技艺）

菜品介绍

　　店子火烧面胚需要先进行预蒸处理，达到半熟状态才能保持火烧内部面瓤的柔软与香甜，为后续炭火烤制打下良好基础。精准的火候控制和熟练的翻面技巧，使得火烧外皮逐渐变得金黄酥脆，内里则保持着柔软香甜。

　　店子火烧形如满月，外焦里嫩。刚出炉的火烧，轻轻一掰，便露出层层叠叠、松软又不失弹性的面瓤。一口咬下，酥脆的外皮与柔软的内心交织出美妙口感，麦香浓郁，让人沉醉。

原料准备

【主料】面粉。
【配料】酵母、盐、食用油。

①~③　面粉中加入酵母和盐和匀，加入水和成光滑的面团，醒面 10 分钟；

④⑤　食用油烧至七成热，淋入面粉中，搅拌成油酥；

⑥　　面团擀薄、擀长；

⑦~⑨　抹上油酥，上下折叠成长条，下剂子；

⑩⑪　面剂揉成光滑的面坯；

⑫⑬　用模具在面坯上压出花纹；

⑭　　进烤炉，上下火 200 ℃，烤至两面焦黄即可。

非遗打卡

　　店子火烧的历史可追溯至清乾隆年间，距今 200~300 年，据传是由店子镇许家村许延候在原始烙饼的基础上改进而成，初称"许记火烧"，是"店子火烧"的雏形。

　　现存的许记火烧博物馆距今约 180 年。2016 年，店子佐春火烧制作工艺入选平度市市级非物质文化遗产名录；2021 年，店子佐春火烧制作技艺入选青岛市市级非物质文化遗产代表性项目名录；2022 年"店子火烧非遗工坊"被认定为青岛市市级非遗工坊；2023 年，传承人许召尧被认定为青岛市非遗代表性传承人；2024 年，"许记店子火烧"入选了农业农村部中国绿色食品发展中心公布的 2024 年第一批《中国农耕农品记忆索引名录》。

80

李沧区非遗

青岛锅贴

—— 青岛锅贴制作技艺

菜品介绍

　　始创于20世纪中叶的青岛锅贴，一般是馅面各半，呈月芽状，锅贴底面金黄酥脆，面皮软韧，馅味香美，除灌汤锅贴外，两头应为敞开式。

　　关于锅贴的起源，流传最广的说法是当年慈禧太后非常喜欢吃饺子，但凉了就不肯吃了，冷掉的饺子就不得不丢掉。直至某日，慈禧太后撞见有人在煎煮似饺子的食物，尝了一口后，食欲顿起，后来知道这是御膳房丢弃的饺子，一边啧啧称奇，一边为它取名为"锅贴"。

原料准备

【主料】面粉、猪肉、韭菜。
【配料】酵母、盐、味精、白糖、生抽、大葱、生姜、花椒、黑木耳、海米、韭菜、香油、食用油。

制作步骤

❶~❸ 面粉中加入酵母和盐和匀，加入 80 ℃的水和成光滑的面团，醒面 1 小时；

❹ 猪肉切成小块；

❺❻ 大葱丝、花椒、姜丝用温水浸泡，制成葱姜水；

❼ 猪肉块放入搅拌机中搅拌成肉泥；

❽❾ 肉泥中加入盐、味精、白糖、生抽、葱姜水，搅拌上劲；

❿~⓬ 在肉泥中加入海米、黑木耳丁，并淋入香油搅拌均匀，再下韭菜、食用油搅拌均匀制作成馅料；

⓭ 将醒发好的面团揉成长条，下剂子；

⓮ 将剂子擀成椭圆形；

⓯ 包入馅料，捏成坯；

⓰~⓲ 平底锅下少量食用油，将锅贴坯放入后加入面粉调制的面浆，盖上锅盖，小火煎制，锅贴底面煎至焦黄色即可。

非遗打卡

以十乐坊、沧口锅贴铺为代表的青岛锅贴不断创新，依靠青岛丰富的地方特色，以其独特的配方陆续开发研制出多种特色品种。其中有以高端食材鱼翅、刺参、鲍鱼为主料的"三珍锅贴"，还有适合大众口味的"三鲜锅贴"，此外，"集京鲁川粤之精华、纳鲜香娇嫩之特点"的青岛锅贴宴一经推出，便深受青岛人的喜爱。

2020 年 6 月，青岛锅贴制作技艺入选李沧区区级非物质文化遗产代表性项目名录。

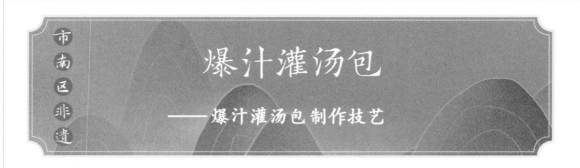

市南区非遗

爆汁灌汤包

—— 爆汁灌汤包制作技艺

【 菜品介绍 】

　　咬开青岛非遗美食——爆汁灌汤包，鲜美的汤汁会瞬间涌出，味道浓郁醇厚，让人回味无穷。不同的馅料能让食客拥有不同的美味体验。海鲜灌汤包，能品尝到海鲜的鲜味与汤汁的完美融合；爆汁蛋黄灌汤包，既有蛋黄的咸香，又有鲜美的汤汁，口感细腻，粉粉沙沙且咸鲜。

　　爆汁灌汤包面皮薄如纸，却能包裹住大量的馅料，馅料饱满充实，每一口都能给食客带来满足感。

【 原料准备 】

【主料】面粉、猪肉。
【配料】酵母、盐、味精、白糖、生抽、大葱、生姜、花椒、小葱、香油。

①~③ 面粉中加入酵母和盐和匀，加入水和成光滑的面团，醒面 10 分钟；

④ 猪肉切成小块；

⑤⑥ 大葱丝、花椒、姜丝用温水浸泡，制成葱姜水；

⑦ 猪肉块放入搅拌机中搅拌成肉泥；

⑧⑨ 肉泥中加入盐、味精、白糖、生抽、葱姜水，搅拌上劲；

⑩ 在肉泥中加入香油搅拌均匀，加入少量葱花、木耳，制作成馅料；

⑪ 将醒发好的面团揉成长条，下剂子；

⑫ 将剂子擀成圆形面片；

⑬ 包入馅料，捏成包子坯；

⑭⑮ 将包子坯放入蒸笼内，蒸制 15 分钟即可。

非遗打卡

　　2009 年，安徽路开了第一家艺峰阁灌汤包铺，其爆汁灌汤包制作技艺于 2023 年被正式列入市南区区级非物质文化遗产代表性项目名录。艺峰阁灌汤包铺坚持选用品质优良、新鲜的食材，这是保证灌汤包口感的基础。

　　爆汁灌汤包馅料种类丰富，有海胆、大虾、鲅鱼等海鲜馅料，还有传统的猪肉、牛肉等馅料。

春和楼蒸饺

——春和楼蒸饺制作技艺

菜品介绍

春和楼蒸饺选料严格，制作考究，对面团的调制及馅料的调配有着严苛的要求，面团必须选用 90~92 ℃的热水烫面，馅料中肉质上乘，配以优质主料和秘制高汤等添鲜加味，从而形成青岛春和楼蒸饺独特的制作技艺。

春和楼蒸饺在坚持选料严格，制作考究的同时，还追求味道、色泽、造型的有机融合。成品蒸饺面质柔韧、皮薄馅大、美味汁多、香而不腻。

原料准备

【主料】面粉、猪肉、韭菜。
【配料】酵母、盐、味精、白糖、生抽、大葱、生姜、花椒、小葱、黑木耳、韭菜、香油。

制作步骤

❶~❸   面粉中加入酵母和盐和匀，加入水和成光滑的面团，醒面1小时；

❹   猪肉切成小块；

❺❻   大葱丝、花椒、姜丝用温水浸泡，制成葱姜水；

❼   猪肉块放入搅拌机中搅拌成肉泥；

❽❾   肉泥中加入盐、味精、白糖、生抽、葱姜水，搅拌上劲；

❿   在肉泥中加入黑木耳丁、葱花、韭菜，并淋入香油搅拌均匀制成馅料；

⓫   将醒发好的面团揉成长条，下剂子；

⓬   将剂子擀成圆形面片；

⓭   包入馅料，捏成饺子坯；

⓮⓯   将饺子坯放入蒸笼内，蒸制15分钟即可。

非遗打卡

　　1891年，春和楼的前身是位于青岛口（今大学路一带）的小饭馆，名叫胡家馆子，当时是专为歇脚渔民提供就餐的场所。1892年，胡家馆子在北京路开设了一家经营快餐的锅贴铺；1897年，又在现在的天津路3号开设了春和饭庄。其后春和饭庄几易其主，直至1933年，时任经理田文魁和副经理兼主厨刘景伦等12人共同出资扩建春和楼。当时春和楼面积有800多平方米，员工32人，是青岛面积最大、菜品最好的饭店，与顺兴楼、聚福楼并称为岛城餐饮业三大名楼，且春和楼位列第一，被誉为"岛城鲁菜第一楼"。

　　2020年，春和楼蒸饺制作技艺入选市南区区级非物质文化遗产代表性项目名录。

面点·粥品篇

89

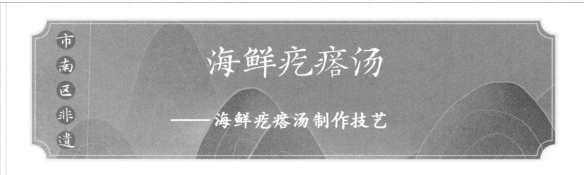

市南区非遗

青山岛语 山海之味——青岛非遗美食 壹

海鲜疙瘩汤

——海鲜疙瘩汤制作技艺

菜品介绍

　　面疙瘩的口感劲道有嚼劲，海鲜肉质鲜嫩多汁，蔬菜清爽可口，各种食材的口感相互搭配，层次丰富。海鲜的鲜味与蔬菜的清香、面疙瘩的麦香完美融合，汤汁浓郁醇厚，味道咸鲜适中，每一口都能让人感受到青岛海洋文化的独特魅力。

　　海鲜疙瘩汤通常会选用蛤蜊、虾、鱿鱼、扇贝等新鲜的海鲜，这些海鲜为疙瘩汤增添了浓郁的鲜味。其中蛤蜊肉质鲜嫩，煮出的汤汁鲜美可口；虾则富含蛋白质，煮出的汤汁营养更加丰富。

原料准备

【主料】面粉。

【配料】虾仁、瑶柱、黑木耳、白菜、胡萝卜、鸡蛋、生姜、大蒜、小葱、盐、胡椒粉、味精、生抽、香油、食用油。

制作步骤

❶❷　虾仁、黑木耳、白菜、胡萝卜改刀成丁，大蒜、生姜切末；

❸～❺　油烧热，下蒜末爆香，再下葱白、姜末，加水煮沸；

❻　面粉中加入适量水，不断搅打成疙瘩块；

❼～❾　下白菜丁、黑木耳丁，边搅动边下疙瘩块、胡萝卜丁、瑶柱、虾仁；

❿　鸡蛋打散，边搅动疙瘩汤边淋入；

⓫　下盐、味精、胡椒粉、生抽调味，淋入香油；

⓬　再次煮开后撒上葱花即可。

非遗打卡

疙瘩汤起源于古代的汤饼，唐朝时有"一日食粥，一日食汤饼"的说法，后来汤饼越做越小，逐渐变成了小面疙瘩汤。经过长期的发展和演变，青岛人将当地丰富的海鲜资源与疙瘩汤巧妙结合，形成了独具特色的海鲜疙瘩汤。如今，它已成为青岛饮食文化的重要代表之一。

2023年6月，海鲜疙瘩汤制作技艺入选市南区区级非物质文化遗产代表性项目名录。

馅饼粥

——"馅饼粥"馅饼制作技艺

市南区非遗

菜品介绍

　　馅饼粥的馅饼，有十几道制作工序，并且制作技艺独特。它严格按照一两面团配一两肉馅的标准制作。传统的制作方法中，肉馅不是"包"进面里，而是"打"进去，做饼师傅左手放上饼皮和肉馅，右手拿着专用的尺子有节奏地"打"13～15下后，肉馅就被严严实实包裹进饼皮，而现代制作方式做了相应简化。烙饼时，制饼师傅根据经验控制油温和翻面时间，至馅饼两面金黄后即可出炉。

原料准备

【主料】面粉、羊肉、杂粮粥。
【配料】酵母、盐、味精、白糖、生抽、大葱、生姜、花椒、洋葱、黑木耳、香油、食用油。

制作步骤

①～③ 面粉中加入酵母和盐和匀，加入水和成光滑的面团，醒面 1 小时；

④ 羊肉切成小块；

⑤⑥ 大葱丝、花椒、姜丝用温水浸泡，制成葱姜水；

⑦⑧ 羊肉块放入搅拌机中打成肉泥；

⑨ 肉泥中加入盐、味精、白糖、生抽、葱姜水，搅拌上劲；

⑩ 在肉泥中加入黑木耳丁、洋葱，并淋入香油搅拌均匀制成馅料；

⑪ 将醒发好的面团揉成长条，下剂子；

⑫ 将剂子擀成圆形面片；

⑬⑭ 包入馅料，捏成饼坯，压扁；

⑮～⑰ 平底锅滑锅后，淋入食用油，下馅饼坯，小火煎至两面金黄，盖上锅盖焖 1 分钟即可，搭配杂粮粥一同食用。

非遗打卡

　　馅饼制作技艺是馅饼粥饭店的当家面食制作技艺。1926 年，创始人铁子珍在市南区德县路开设馅饼粥饭店，传承至今已有近百年的历史，在青岛具有一定的知名度。京剧名家马连良每次来青岛演出都会在馅饼粥店进餐。

　　2023 年 6 月，"馅饼粥"馅饼制作技艺入选市南区区级非物质文化遗产代表性项目名录。